河南省工程建设标准

河南省基坑工程自动化监测技术标准

Technical standard for automatic monitoring of excavation engineering in Henan Province

DBJ41/T 285-2024

主编单位:河南省建筑工程质量检验测试中心站有限公司
批准单位:河南省住房和城乡建设厅
施行日期:2024 年 4 月 1 日

黄 河 水 利 出 版 社
· 郑 州 ·

图书在版编目(CIP)数据

河南省基坑工程自动化监测技术标准/河南省建筑工程质量检验测试中心站有限公司主编.—郑州:黄河水利出版社,2024.3

ISBN 978-7-5509-3859-5

Ⅰ.①河…　Ⅱ.①河…　Ⅲ.①基坑工程-自动化监测系统-技术标准-河南　Ⅳ.①TU46-65

中国国家版本馆 CIP 数据核字(2024)第 075531 号

策划编辑:贾会珍　电话:0371-66028027　E-mail:110885539@qq.com

责任编辑	郑佩佩	责任校对	冯俊娜
封面设计	张心怡	责任监制	常红昕
出版发行	黄河水利出版社		
	地址:河南省郑州市顺河路 49 号　邮政编码:450003		
	网址:www.yrcp.com　E-mail:hhslcbs@126.com		
	发行部电话:0371-66020550		
承印单位	河南匠心印刷有限公司		
开　　本	850 mm×1 168 mm　1/32		
印　　张	2.5		
字　　数	32 千字		
版次印次	2024 年 3 月第 1 版	2024 年 3 月第 1 次印刷	
定　　价	25.00 元		

河南省住房和城乡建设厅文件

公告〔2024〕10号

河南省住房和城乡建设厅
关于发布工程建设标准
《河南省基坑工程自动化监测技术标准》的公告

现批准《河南省基坑工程自动化监测技术标准》为我省工程建设地方标准,编号为 DBJ41/T 285-2024,自 2024 年 4 月 1 日起在我省施行。

本标准在河南省住房和城乡建设厅门户网站(www. hnjs. gov. cn)公开,由河南省住房和城乡建设厅负责管理。

附件:河南省基坑工程自动化监测技术标准

河南省住房和城乡建设厅

2024 年 2 月 20 日

前　言

根据《河南省住房和城乡建设厅关于印发2021年工程建设标准编制计划的通知》(豫建科〔2021〕408号)文件的要求,由河南省建筑工程质量检验测试中心站有限公司会同有关单位经过广泛调查研究,认真总结实践经验,参考国家现行有关标准,结合河南省实际情况,并在广泛征求意见的基础上,制定本标准。

本标准共6章,主要内容包括:总则;术语;基本规定;自动化监测系统;监测方法及技术要求;成果分析与反馈。

本标准由河南省住房和城乡建设厅负责管理,由河南省建筑工程质量检验测试中心站有限公司负责具体技术内容的解释。在执行过程中,如发现需要修改和补充之处,请将有关意见和建议及时函告河南省建筑工程质量检验测试中心站有限公司(地址:河南省郑州市丰乐路4号;邮编:450053;电话:0371－68665979;邮箱:hnjkyzxy@163.com)。

主编单位:河南省建筑工程质量检验测试中心站有限公司

参编单位:河南省建筑科学研究院有限公司

中核勘察设计研究有限公司

河南山河建设工程质量检测有限公司

新蒲建设集团有限公司

郑州大学综合设计研究院有限公司

河南省建设集团有限公司

中国十七冶集团有限公司

编制人员:孙轶斌　乔明灿　徐　盟　马　盼　苗长伟

何方方　陈　熹　刘兴阳　李方河　李世烜

张利军　朱丽辉　马清文　闫磊超　郑华民

肖灏天　伍志远　孙伟博　丁亚峰　黄善明
邵高会　林　楠　陶爱林　戴建阳　黄红军
岳小红　王二伟　李　涛　武树忠　王伟华
陈松顺　崔艳玲　陆　戎　王　纯　乔文龙
刘忠源　刘鸿飞　廉黎明　王小东　高　瞻
马　艳

审查人员：王继周　白召军　朱会强　冯振华　赵志忠
邵帅飞　杨　玲

目　次

1 总 则

1.0.1 为规范河南省基坑工程自动化监测工作，做到安全适用、技术先进、经济合理，制定本标准。

1.0.2 本标准适用于河南省行政区域内基坑工程的自动化监测。

1.0.3 基坑工程的自动化监测应综合考虑基坑工程设计及施工要求、地质条件、周边环境、气候条件、通信条件及监测期限等因素，编制合理的监测方案，精心组织，为动态设计和信息化施工提供准确、可靠的监测成果。

1.0.4 基坑工程自动化监测，除应符合本标准的规定外，尚应符合国家、行业及河南省现行有关标准的规定。

2 术　语

2.0.1 基坑　excavation

为进行建(构)筑物地下部分的施工,由地面向下开挖出的空间。

2.0.2 基坑周边环境　surroundings around excavation

在基坑施工及使用阶段,基坑周围可能受基坑影响或可能影响基坑安全的既有建(构)筑物、设施、管线、道路、岩土体及水系等的统称。

2.0.3 基坑工程监测　monitoring of excavation engineering

在基坑施工及使用阶段,采用仪器量测、现场巡视等方法,对基坑及周边环境的安全状况、变化特征及其发展趋势实施定期或连续巡查、量测、监视,以及数据采集、分析、反馈的活动。

2.0.4 监测点　monitoring point

直接或间接设置在监测对象上并能反映其变化特征的观测点。

2.0.5 监测预警值　forewarning value on monitoring

针对基坑及周边环境的保护要求,对监测项目所设定各项指标的警戒值。

2.0.6 监测平台　monitoring platform

监测信息的存储、处理、预警、发布与反馈等数字化、网络化的操作平台。

2.0.7 自动化监测系统　automatic monitoring system

综合利用计算机、通信及传感等技术构建的监测系统。

2.0.8 半自动化监测　semi-automatic monitoring

全部或部分监测项(点)人工监测,监测数据导入监测平台进行自动化处理、分析、预警、发布与反馈。

2.0.9 比对测量 comparison measurement

为保证测量结果的有效性，在满足规范及监测项目测量精度要求的前提下，采用不同的测量方法或不同的测量设备对同一监测点进行测量并比较其测量结果的过程。

3 基本规定

3.0.1 下列基坑工程,宜实施自动化监测:

1 基坑支护结构安全等级为一级的;

2 监测频率要求较高的;

3 人工监测难以实施或不能满足工程需要的;

4 有其他特殊要求的。

3.0.2 自动化监测基坑工程的监测范围、监测项目、测点布置、监测频率和监测预警值等应满足设计文件要求。

3.0.3 自动化监测精度应符合现行标准《建筑基坑工程监测技术标准》GB 50497 的规定。

3.0.4 基坑工程自动化监测宜实施全自动化监测;当采用半自动化监测时,其中的数据分析、处理和预警宜采用自动化处理系统。

3.0.5 监测单位应编制自动化监测方案。方案应符合下列规定:

1 应根据工程特点,采用合理的技术手段,监测结果应满足精度和可靠性要求;

2 自动化监测方案内容应包括:工程概况,场地工程地质、水文地质条件及基坑周边环境状况,监测目的和编制依据,监测范围、监测项目、监测期限和监测频率,基准点、工作基点、监测点的布设方法与保护要求,监测点布置图,自动化监测方法和精度等级,监测人员和监测设备,监测数据采集传输,监测平台及监测预警,异常情况及危险情况下的监测措施,质量管理、监测作业安全及其他管理措施。

3.0.6 下列基坑工程的自动化监测方案应进行专项论证:

1 工程地质、水文地质条件复杂的;

2 邻近重要建筑、设施和管线等破坏后果很严重的;

3 已发生严重基坑安全事故,须重新组织施工的;

4 设计采用新技术、新材料、新工艺、新设备的；

5 其他需要论证的。

3.0.7 监测结束时，应提交自动化监测总结报告，并将下列资料组卷归档：

1 自动化监测方案；

2 基准点、监测点布设及验收记录；

3 阶段性监测报告；

4 自动化监测总结报告。

3.0.8 监测单位应及时处理和分析监测数据，并将监测和评价结果向相关单位进行信息反馈，当监测数据达到监测预警值时，应立即通报相关单位。

3.0.9 监测单位应定期开展监测人员安全教育、监督检查，落实安全生产责任，保障安全。

4 自动化监测系统

4.1 一般规定

4.1.1 自动化监测系统应包含监测设备、数据采集传输、监测平台。

4.1.2 监测系统在组建完成,应稳定运行 72 h 后,方可投入使用,且应进行比对测量,保证数据的有效性。

4.1.3 自动化监测系统应定期检查、维护,保证系统正常运行,频次不宜少于每周 1 次。当出现设备状态异常,或者遇灾害性天气时,应立即检查,并形成检查日志归档。

4.1.4 自动化监测实施期间,应做好自动化监测设施、设备的保护工作,必要时应设置专用保护装置。

4.1.5 系统电源应具备断电保护功能,外部电源意外中断时应自动切换至备用供电系统,供电时间不宜小于 24 h。

4.1.6 监测系统应预留信息交换接口,可与其他智慧平台进行信息交换。

4.1.7 监测设备、采集传输设备异常时应推送预警信息。

4.2 监测设备

4.2.1 监测设备应具有唯一标识识别码。

4.2.2 监测设备性能应稳定可靠,监测设备防护级别应满足工程需求。

4.2.3 监测设备精度、量程及使用寿命应满足监测要求。

4.2.4 监测设备应经过检定或校准。当无法进行检定或校准时,应提供相应的证明性文件。

4.3 数据采集传输

4.3.1 监测数据采集传输设备应采取防水、防潮、防尘、防雷、防火等措施，并应具有缓存功能。数据采集应预留人工测量接口。

4.3.2 数据通信应符合数据通信规约。监测数据采集传输网络应稳定可靠。

4.3.3 监测数据采集传输宜同时具备有线、无线通信方式，并可自动切换。

4.4 监测平台

4.4.1 监测平台应具备数据存储、数据处理、监测成果推送功能。

4.4.2 数据存储应具备下列功能：

1 自动和手动数据备份功能、本地恢复功能；

2 防止数据遭恶意破坏、窃取、篡改；

3 人工录入监测数据功能。

4.4.3 数据处理应具备下列功能：

1 原始数据过滤，无效数据自动删除；

2 对录入的人工监测数据进行验证，并可按预设模型参数进行自动计算；

3 对异常数据标识；

4 人工干预处理数据的功能，对监测点数据和监测项进行权限分级管理，实现监测点数据和监测项的增减、属性修改；

5 可根据权限对预设模型参数进行修改；

6 可根据用户需求，生成相应监测结果。

4.4.4 监测成果推送包括一般推送和预警推送，并应符合下列规定：

1 一般推送应按照预设频率，定时推送监测成果；

2 预警推送应在监测点数据达到预警条件时，即刻推送；

3 推送信息宜包括工程名称、监测项目、监测点编号、监测点位置、监测值，预警推送尚应包括预警值、预警时间等；

4 监测成果推送可采用语音、传真、短信、电子邮件、App 等形式。

5 监测方法及技术要求

5.1 一般规定

5.1.1 自动化监测应根据监测对象、监测范围、监测项目等设计要求,选择适宜的监测方法。

5.1.2 变形监测网应由基准点、工作基点、监测点组成,点位布设应符合设计要求。

5.1.3 水平位移监测基准网宜采用独立坐标系统,专项工程应联测国家坐标系统;竖向位移监测基准网应布设成环形网。

5.1.4 应定期进行比对测量,比对测量的精度不应低于自动化监测精度。

5.2 水平位移监测

5.2.1 水平位移自动化监测宜采用全站仪自动化监测系统,也可采用其他满足要求的监测设备。

5.2.2 采用全站仪自动化监测系统进行水平位移监测时应符合下列规定:

1 水平位移基准点应设置在稳定区域且不少于3个,基准点与监测对象的距离不小于基坑最大深度的3倍。

2 工作基点应设置带有强制对中装置的观测墩。

3 每期监测均应进行基准点联测并判断其稳定性。当某期监测发现基准点有可能变动时,应立即进行复测。对不稳定基准点应予以舍弃,及时重新布设新的基准点。

4 全站仪自动化监测系统自动照准应快速、有效。后台控制程序应能按预定顺序逐点监测,数据不正常时应能补测,并应能根据指令及时加强监测。

5　全站仪自动化监测系统宜配备 24 h 不间断电源。

5.3　竖向位移监测

5.3.1　竖向位移自动化监测可采用全站仪自动化监测系统或静力水准监测等。

5.3.2　采用全站仪自动化监测系统进行竖向位移监测时，宜与水平位移同步监测。

5.3.3　采用静力水准监测时，应符合下列规定：

1　应根据观测精度要求和预估沉降量，选取适宜的静力水准传感器；

2　工作基点宜在观测线路两端分别布设；

3　工作基点应采用水准测量方法定期与基准点联测；

4　静力水准监测技术要求应符合现行行业标准《建筑变形测量规范》JGJ 8 的有关规定。

5.4　深层水平位移监测

5.4.1　深层水平位移自动化监测宜采用固定式测斜仪。

5.4.2　当测斜管底部嵌固在稳定的岩土体中时，宜以测斜管底部为深层水平位移的起算点。当测斜管底部未嵌固在稳定的岩土体中时，宜以测斜管上部管口为深层水平位移的起算点，每期监测均应测定管口位移，对深层水平位移值进行修正。

5.4.3　测斜管埋设时应保持竖直，当采用钻孔法埋设时，测斜管与钻孔之间的空隙应充填密实。

5.4.4　采用固定式测斜仪进行深层水平位移自动化监测时，精度不宜低于 0.25 mm/m，分辨率不宜低于 0.02 mm/(500 mm)。

5.4.5　不应采用支护结构内置测斜管的方法进行土体深层水平位移监测。

5.5 支护结构内力监测

5.5.1 支护结构内力监测宜采用轴力计、钢筋应力计或应变计、表面应力计或应变计等,并应结合自动化采集传输模块进行监测。

5.5.2 混凝土支撑、围护桩(墙)内力监测宜采用钢筋应力计;支撑内力监测宜采用轴力计或表面应力计;立柱、围檩(腰梁)内力监测宜采用表面应变计;锚杆轴力监测宜采用轴力计、钢筋应力计或应变计。

5.5.3 内力监测初始值应根据监测方案要求采用 72 h 稳定测试数据的平均值。

5.5.4 内力监测应考虑温度变化对监测结果的影响。

5.5.5 自动化传感器安装前应进行检定或校准,最大量程不宜小于设计值的 1.5 倍,精度不宜低于 0.5% FS,分辨率不宜低于 0.2% FS。

5.6 地下水水位监测

5.6.1 自动化水位监测宜采用渗压计、水位计等,并应结合自动化采集传输模块进行监测;量测精度不宜低于 10 mm。

5.6.2 自动化水位监测宜设置专用水位管或观测井。

5.6.3 宜根据地下水水位实际情况,选取适宜的监测设备和安装位置,设备最大量程应满足实际地下水水位变化监测的需要。

5.6.4 水位监测宜取稳定的观测水位数值作为初始值。

5.7 孔隙水压力监测

5.7.1 自动化孔隙水压力监测宜采用钢弦式或应变式孔隙水压力计,并应结合自动化采集传输模块进行监测。

5.7.2 孔隙水压力计量程应满足测试压力范围的要求,精度不宜低于 0.5% FS,分辨率不宜低于 0.2% FS。

5.7.3 孔隙水压力计可采用压入法、钻孔法埋设。
5.7.4 孔隙水压力计埋设后宜取稳定的孔隙水压力数值作为初始值。

5.8 土压力监测

5.8.1 土压力监测宜采用土压力计,并应结合自动化采集传输模块进行监测。
5.8.2 土压力计量程应满足测试压力范围的要求,精度不宜低于0.5% FS,分辨率不宜低于0.2% FS。
5.8.3 土压力计可采用钻孔法埋设,埋设后孔隙应充填密实,充填材料宜与周围岩土体一致。
5.8.4 土压力计埋设后宜取稳定的土压力数值作为初始值。

5.9 倾斜监测

5.9.1 自动化倾斜监测宜采用倾角仪、静力水准仪等,并应结合自动化采集传输模块进行监测。也可采用全站仪自动化监测系统对建(构)筑物倾斜进行监测。
5.9.2 倾斜监测宜采用双轴倾角仪进行倾斜监测,当利用相对沉降量间接确定建筑物倾斜时,可采用静力水准测量等方法通过测定差异沉降来计算倾斜值和倾斜方向。
5.9.3 倾角仪安装应明确安装方向,现场记录测点位置及其他相关信息。

5.10 裂缝监测

5.10.1 裂缝监测宜采用测缝计、位移计等,并应结合自动化采集传输模块进行监测。
5.10.2 宜根据预判及裂缝实际情况,选取适宜的监测设备和安装位置,设备最大量程应满足实际裂缝监测的需要。裂缝宽度量测精度不宜低于0.1 mm,裂缝长度量测精度不宜低于1 mm。

5.10.3 每条裂缝应至少布设3组观测标志,其中1组应在裂缝相对较宽处,另外2组应分别布设在裂缝的末端。

5.11 土体分层沉降监测

5.11.1 土体分层沉降监测宜采用多点位移计,并应结合自动化采集传输模块进行监测。

5.11.2 分层沉降的初始值应在多点位移计埋设1周后量测,并获取稳定的初始值。

5.11.3 宜根据地基类型及场地土层分布情况,按设计要求布设测点。分层沉降标的埋设可采用钻孔法。

5.12 比对测量

5.12.1 比对测量应符合下列规定:

1 自动化监测开始时应进行比对测量,获取稳定可靠的初始值;

2 应根据监测对象的安全等级、周边环境和变形情况等因素确定适宜的比对测量周期,频率不宜大于1次/月;

3 当自动化监测结果出现异常或突变时,应立即进行比对测量;

4 重要施工节点及采用可能影响自动化监测元件工作性能的工法,应进行比对测量。

5.12.2 比对测量选用的设备、方法和精度应满足现行相关标准的要求。

6 成果分析与反馈

6.0.1 应根据监测平台数据处理结果、地质条件、环境条件，结合巡视结果等其他信息进行成果分析与评价。

6.0.2 成果反馈应包括当日报表、阶段性分析报告和总结报告，并应符合下列规定：

1 当日报表宜采用数字化方式提供；

2 阶段性分析报告和总结报告应提供纸质版；

3 技术成果提供的内容应真实、准确、完整，并宜用文字阐述与绘制变化曲线相结合的形式表达。

6.0.3 总结报告应包括：工程概况、监测依据、监测项目、监测点布置、监测设备和方法、监测频率、预警值、各监测项目全过程的发展变化及整体分析与评述、结论与建议。

本标准用词说明

1　为便于在执行本标准条文时区别对待,对要求严格程度不同的用词说明如下:

1)表示很严格,非这样做不可的:正面词采用“必须”,反面词采用“严禁”;

2)表示严格,在正常情况下均应这样做的:正面词采用“应”,反面词采用“不应”或“不得”;

3)表示允许稍有选择,在条件许可时首先应这样做的:正面词采用“宜”,反面词采用“不宜”;

4)表示有选择,在一定条件下可以这样做的,采用“可”。

2　条文中指明应按其他有关标准执行的写法为:“应符合……的规定”或“应按……执行”。

引用标准名录

1 《建筑基坑工程监测技术标准》GB 50497

2 《建筑变形测量规范》JGJ 8

河南省工程建设标准

河南省基坑工程自动化监测技术标准

DBJ41/T 285-2024

条 文 说 明

目　次

1 总 则

1.0.1 随着河南省城市建设的高速发展,建筑高度不断增加,建设规模不断扩大,基坑工程向超深度、大面积、复杂化发展是必然的趋势。由于地下土体性质、荷载条件、施工环境的复杂性,基坑工程是一项风险性较高的工程。统计分析发现,基坑事故与监测不力或险情预报不准确有关。所以,在施工过程中进行综合、系统的现场监测就显得十分必要,既能为动态设计和信息化施工提供重要依据,也是保障基坑支护结构及周边环境安全的重要手段。

自动化监测技术是传统工程监测在数字化、网络化、智能化和平台集成化条件下发展起来的一门综合性安全监测手段,集现代电子技术、通信技术、计算机技术和工程测试技术于一体。传统人工监测数据采集和整理不易监管、真实性差,从现场采集到数据整理分析再到报告审批需要时间长、时效性低。自动化监测技术通过在基坑四周布置自动化传感器,可远程自动且实时对位移、内力、水位等监测数据进行采集、传输、分析处理及预警,具有频次高、时效性好、稳定性好、数据真实可靠等特点。若发现数据异常,可立即通过监控大屏或手机短信发出预警,以便项目参建各方及时分析出现的问题并采取有效措施,保证基坑支护结构及周边环境的安全。

目前,在基坑工程监测领域,自动化监测技术已经越来越引起人们的重视,因自动化监测技术的先进性,可以减少整个监测工作的人力资源投入量,可以自动连续地进行数据采集和传输,几乎不受人为因素的影响。目前,影响自动化监测技术应用的主要原因是系统成本较高,考虑到人工监测需要多次往返现场的交通费用及设备费用,虽然人工监测单次费用低于自动化监测,但当时间段拉长后,自动化监测的费用综合成本相比人工监测成本还是有优势的。自动化监测技术与传统人工监测相比,二者的对比结果见表1。

表1 自动化监测技术与传统人工监测对比

对比项目	自动化监测技术	传统人工监测
环境因素	不受恶劣环境影响	受环境影响较大
时间因素	全天24 h实时在线,可实现1次/s的连续采集	采集频率低,一般为1次/d
空间因素	设备安装后,不受空间因素影响	现场监测,空间因素影响较大
主观因素	自动化设备自动采集,所采即所现	监测人员的主观误差较大,影响结果的准确性
安全性	设备安装后实现自动化在线监测,不涉及人员安全	基坑环境复杂,现场监测人员安全风险较大
实时性	实时、连续、不间断	数据滞后,不同因素数据的相关性无法分析
智能性	数据精确度高,后台科学评估,可自动生成报表一键导出	数据处理烦琐复杂,生成报表慢
经济性	自动化采集,减少人员投入	投入大量的人力、物力现场采集数据

基坑工程自动化监测应做到技术性和经济性的统一。自动化监测方案应以保证基坑及周边环境安全为前提,以自动化监测技术的先进性为保障,同时要考虑监测方案的经济性。在保证监测质量的前提下,降低监测成本,达到技术先进性与经济合理性的统一。

1.0.2 本条是对本标准适用范围的界定。本标准适用于河南省行政区域内地下工程开挖形成的基坑以及基坑开挖影响范围内的建(构)筑物及各种设施、管线、道路等的自动化监测。

1.0.3 影响基坑工程自动化监测的因素很多,主要有:

1 基坑工程设计与施工方案;

2 建筑场地的岩土工程条件,包括工程地质条件和水文地质条件;

3 邻近建(构)筑物、设施、管线、道路等的现状及使用状态;

4 施工计划工期;

5 作业条件,如气候条件等情况;

6 监测便利条件,如通信条件等情况;

7 风险源情况;

8 监测期限。

建筑基坑工程监测要综合考虑以上因素的影响,制订合理的监测方案,方案经审批后,由监测单位组织和实施监测。

3 基本规定

3.0.1 自动化监测技术具有可靠性强、精准性高等特点，优势越来越明显。本条对于何种条件下采用自动化监测技术进行了推荐性说明。建议以下监测项目优先采用自动化监测技术：

1 基坑支护结构安全等级为一级的基坑，支护结构破坏、基坑失稳或过大变形对安全、经济、社会或环境影响很大的情况下，应采用可靠性强、精准性高的自动化监测技术。

2 监测频率要求较高，不宜低于 1 次/d。

3 人工监测难以实施，包括监测频率过高导致的难以实施，也包括监测频率不高但项目地段偏僻或周边环境过于复杂等情况导致的难以实施。

3.0.2 自动化监测作为一种新型的监测技术方式，其监测范围、监测项目、测点布置、监测频率、监测预警值等应满足设计文件要求。

其中，监测预警值包括累计变化预警值和变化速率预警值。变化速率预警值单位一般为 mm/d，由于自动化监测数据实时采集分析，变化速率可以精确到 mm/min 或 mm/h，为了判断变化速率是否达到预警值，计算自动化监测变化速率时，可采用 24 h 内累计变化量是否达到设计文件要求的每天的变化量来分析。

例如：某基坑的围护墙（边坡）顶部水平位移设计要求变化速率预警值为 3 mm/d，自动化监测 3 h 内的变化量为 3 mm，则可判断变化速率不小于 3 mm/d，达到变化速率预警值，即刻预警。

3.0.3 由于自动化监测数据采集原理不同，导致部分数据精度指标不能直接匹配。对于这种情况，可按照变形允许值的 1/20～1/10 作为精度指标。对于数据采集原理相同的情况，精度指标应按现行行业标准《建筑变形测量规范》JGJ 8 执行。

3.0.4 根据监测技术的应用现状，目前正处于半自动化监测技术向自动化监测技术过渡阶段。本条规定当采用半自动化监测时，其中的数据分析、处理和预警宜采用自动化处理系统。

半自动化监测技术指采用人工外业监测、自动化处理原始数据、自动分析数据和预警的组合方式或采用部分监测项（点）自动化监测、部分监测项（点）人工监测的组合方式。

3.0.5 实施自动化监测技术的工程多采用多种不同的监测传感器元件进行组网实施，并且考虑到供电及网络传输等因素，自动化监测技术实施效果与工程现场状况密不可分，为保证监测实施的质量，在自动化监测实施前，应单独编制基坑工程自动化监测方案或在基坑监测方案中添加自动化监测内容。

基坑工程自动化监测方案是监测单位实施自动化监测的重要技术依据和文件。为规范自动化监测方案、保证质量，本条概括出了基坑工程自动化监测方案所包括的主要方面。

3.0.6 本条建议了需要进行监测方案专项论证的几种情况。邻近重要建筑包括邻近历史文物、优秀近现代建筑、地铁、隧道等重要建筑。

3.0.8 对监测数据进行及时的分析处理是自动化监测的一个重要特征，是及时发现工程隐患的重要手段。当监测数据达到预警值时，应立即通报相关单位。

3.0.9 监测设备的安全防护、安全运行是监测工作的重点。监测工作中，要确保设备安装维护人员和监测人员的人身安全。

4　自动化监测系统

4.1　一般规定

4.1.1　本条指基坑自动化监测系统的基本组成。监测设备包括但不限于传感器。

4.1.3　检查内容应包括:监测设备完好情况、通信采集传输设备工作状态、是否与施工作业面相互影响等。基坑监测现场环境复杂多变,有线网络传输部分及监测设备在施工过程中或灾害性天气后可能出现破坏情况,应定期巡检了解现场施工工况变化,及时采取补救措施。监测系统是为了保障整个施工环境的安全,所有参建单位均为安全责任主体,多方协同参与巡检,能在发现问题的第一时间进行协调处理。

4.1.5　系统电源是系统运行的根本保障,设置备用电源可在首用电源故障时保障监测系统连续运行。

4.1.6　基坑安全监测是建设项目安全管理的重要环节,应保留与智慧工地平台或主管部门管理平台的数据交换接口。

4.2　监测设备

4.2.1　标识识别码主要为了便于监测设备的统一监管、溯源。通信可采用 RS-232C、RS422、RS-485 等接口标准。

4.2.2　监测设备长期暴露在户外,在雨季可能有雨水浸泡的风险,故监测设备防护级别一般不应低于 IP67。

4.2.3　可根据监测等级不同,选取不同精度及量程的监测设备。

4.2.4　目前,部分监测设备无可用检定、校准标准。证明性文件可由设备厂商出具,设备性能测试报告可由监测单位提供性能测试记录。

4.3 数据采集传输

4.3.1 网络传输设备长期暴露在户外，在灾害性天气时，应能保障设备安全。采集传输设备可能在受到外界电磁干扰时突发离线，缓存功能在设备恢复工作状态后，补发监测数据，保证监测数据连续。本条为通信介质基本要求，可根据工程实际情况选择。人工测量接口主要便于实现比对测量。

4.3.2 根据工程实际情况，监测项目较多且传输距离较大时，应充分考虑数据传输的及时性，并根据需要架设中继设备。

4.4 监测平台

4.4.1 本条指软件平台应具有的基本功能。

4.4.2 云服务器是较为方便、经济的服务器，可以进行二次开发应用。数据保护方面需要采取特别措施。

人工数据录入功能主要为了保证个别不能实现自动化监测的监测项目实现监测结果数字化，保证数据分析的完整性。

4.4.3 自动化监测设备主要特点为高频次的采样，外界干扰因素可能会导致部分数据失真，平台根据数据统计规律进行有效过滤，防止出现频繁的误报警情况。

当部分数据不能自动判别时，应标识异常数据，由人工研判，对明显不可靠的数据进行修正或删除处理。

《建筑基坑工程监测技术标准》GB 50497 对基坑监测成果报表及样式制作了样表，自动化监测系统生成的成果包括的信息内容应满足国家标准的相关要求。

4.4.4 监测成果推送功能主要为汇聚融合各类后处理数据，根据设置的预警阈值，实现全方位监测值守和监测预警。

一般推送指在监测值正常情况下，对监测成果、监测设备运行状态的定期反馈；预警推送指基坑出现险情或某监测项目达到预警条件时的成果推送。

成果可视化是自动监测系统的必要功能模块,并应包括定期的人工研判结论推送显示。

监测成果归档可由系统自动完成,或由人工归档至可靠储存介质上。

5 监测方法及技术要求

5.1 一般规定

5.1.1 自动化监测应根据监测对象、监测范围、《建筑基坑工程监测技术标准》GB 50497、《建筑变形测量规范》JGJ 8 和设计要求选择监测项目，并确定各个监测项目的变形允许值和监测精度，以此选择适宜的监测方法，满足监测要求。同时，可根据具体监测对象，实施多种监测方法并用，互相检核比对。

5.1.2 变形监测网是监测工作的基准，变化量和变化速率均以此为起算依据。基准点要建立在稳定区域并设置强制归心装置。

5.1.3 水平位移监测根据监测体特征，宜采用独立坐标系统，便于后期数据处理。有特殊要求时应与国家坐标系统联测。竖向位移监测布设成环形网，便于对监测数据进行误差分析，提高监测数据精度。

5.2 水平位移监测

5.2.1 水平位移自动化监测在当前的实际工作中属于比较难实现的监测项目，行业内也提出了许多比较可靠的实现方式，出于经济成本、规范要求等因素的考虑，在实际应用中有待提高，仍需要更加专业性、实用性的新技术和新设备。

5.2.2 采用全站仪自动化监测系统进行水平位移监测时应符合下列规定：

1 相关规范已经明确要求基准点不少于 3 个，对于更高精度的监测，需要布设更多的基准点。因为基准点是否稳定直接影响到监测结果，所以在选择基准点的位置时，应考虑地质条件、施工影响、是否会受到扰动等因素。基准点的标志、标识也应牢固且便于保护。考虑到以上因素和相关规范要求,基准点应布设在监测对象的影响范围之外且稳固可靠的地方。

2 能直接从基准点监测时,可不设置工作基点。在实际工作中,监测对象会受到场地等条件的制约,仍需布设工作基点。为了尽可能地提高实际监测精度,尽可能地对监测对象全部监测点直接观测,工作基点应设置观测墩,配置强制对中装置。

3 监测工作一般时限较长,受到各方面条件的制约,尤其是现场经常会发生改变,会导致基准点丢失破坏、视线遮挡等,在实际监测工作中应多加注意,提前增设新的基准点,以便于后期继续进行监测和数据处理工作。

4 自动化监测系统的目的之一就是快速获取数据、减少人力投入。在数据读取、监测点补测方面应能满足要求。

5 全站仪自动化监测系统属于自动化作业,人工很少参与。一站式数据采集、数据处理、监测结果输出等,应保证其正常的工作流程不被中断。宜配备 24 h 不间断电源,否则会造成设备损坏、数据丢失等问题。

5.3 竖向位移监测

5.3.1 竖向位移自动化监测可采用全站仪自动化监测系统或静力水准等监测方式。传统水准观测方法无法完成自动化监测工作,人工几乎参与各个工作流程。使用全站仪自动化监测系统或静力水准监测能很好地完成自动化监测工作。

5.3.2 采用全站仪自动化监测系统进行竖向位移监测的原理是三角高程测量,进而计算各个监测点的高程,在全站仪自动化监测系统对水平位移监测时,同时对竖向位移相关数据进行采集,只需要进行数据自动化处理即可完成竖向位移的监测工作。

5.3.3 静力水准监测的相关技术要求在现行行业标准《建筑变形测量规范》JGJ 8 中已有规定,实际监测工作按照执行。

5.4 深层水平位移监测

5.4.1 传统测斜仪需要人工操作，程序复杂，数据需要从设备导出后才能进行数据处理。固定式测斜仪克服了以上缺点，且数据获取简单，数据的稳定性也有进一步的提高。

5.4.2 起算点一般选择在相对比较稳定的底部。对于底部稳定性不确定的，应选顶部作为起算点，获取顶部的位移变化，以便修正监测数据，得到实际的变形量。

5.4.3 测斜管埋设时应保持竖直。当采用钻孔法埋设时，测斜管与孔壁之间的空隙应使用细沙等材料充填密实，以便于获取可靠的监测数据。

5.4.4 固定式测斜仪监测精度应满足相关规范的要求。

5.5 支护结构内力监测

5.5.1 采用技术条件相对成熟的各种传感器结合自动化采集传输模块，实现自动化内力监测。

5.5.2 根据监测对象采用合适的监测传感器。

5.5.3 初始值作为变形量的起算数据，应准确可靠。初始安装后的一定时间段内，由于监测对象、安装条件等因素，数据会有一定的漂移，应取一定时间段内的平均值作为初始值。

5.5.4 本条主要是考虑到温度对传感器的影响。

5.5.5 内力监测设备的监测精度应满足相关规范的要求。

5.6 地下水水位监测

5.6.1 压力式水位计是通过测量监测设备的压力来计算地下水水位高度，接触式水位计是直接量测地下水水位。结合自动化采集传输模块，实现自动化水位监测。

5.6.2 专用水位管或观测井能最大程度地保证水位观测数值的

准确性。

5.6.3 接触式水位计量程应大于地下水水位面到管口的距离,压力式水位计应置于最低地下水水位面以下。

5.6.4 初始值作为变形量的起算数据,应准确可靠。

5.9 倾斜监测

5.9.1 自动化倾斜监测最常用的设备有倾角仪、静力水准仪等,也可采用全站仪自动化监测系统、三维激光扫描仪等。

5.9.2 双轴倾角仪可以同时确定监测对象两个垂直方向的倾斜情况,当监测对象不便于设置倾角仪时,可采用静力水准测量等方法通过测定差异沉降来间接确定倾斜值和倾斜方向。

5.9.3 安装时应准确记录方向信息,便于判断监测对象的倾斜方向。

5.10 裂缝监测

5.10.3 裂缝相对较宽处和末端均应设置传感器,便于分析裂缝的实际变形量、变形趋势和变形方向。

5.11 土体分层沉降监测

5.11.1 土体分层沉降常采用多点位移计,也可通过埋设磁环式分层沉降标进行监测。

5.11.3 本条应按《建筑基坑工程监测技术标准》GB 50497 执行。

5.12 比对测量

5.12.1 自动化监测工作开展时应进行比对测量,宜每个月开展1次,当监测结果出现异常或突变时,应立即进行比对测量。重要施工节点包括坑内挤土桩施工、强夯、爆破拆除支撑,以及其他特殊施工工法,应进行比对测量。

5.12.2 自动化静力水准测量监测宜采用光学水准仪或电子水准仪比对;倾角仪监测宜采用全站仪比对;裂缝计监测的宜采用游标卡尺比对;固定式测斜仪监测宜采用滑动式测斜仪比对。

6　成果分析与反馈

6.0.1　监测平台收集自动化采集设备的监测数据，通过软件操作汇总监测数据，同时可以生成各类型变形曲线图。成果分析既要考虑变形量的大小和变化速率，又要参考受力变化，通过综合分析，评判监测数据成果。

6.0.2　当日报表应具备时效性，数字化网络传输相对较快，可以便捷快速地将监测信息推送给相关单位，尤其是当突变状况发生时，可以及时采取措施。

6.0.3　总结报告是对整个监测工作的总结，尤其是全过程的发展变化分析和评述，对类似监测工作均有参考和指导意义。